Christmas Creatables

Jenine Siemerink

en

Marj

Cantecleer

Inhoud

Abonneer u nu op de nieuwsbrief van De Fontein|Tirion bv en ontvang informatie over de nieuw te verschijnen boeken! Ga naar www.defonteintirion.nl en meld u aan!

ISBN 978 90 213 3888 0
NUR 475

Vormgeving omslag en binnenwerk:
Studio Marja van de Ven, Waalwijk
Fotografie: Hennie Raaijmakers, St. Michielsgestel
Patronen: Jenine Siemerink

Dit boek is gepubliceerd door Uitgeverij Cantecleer, een imprint van De Fontein | Tirion bv
Postbus 13288
3507 LG Utrecht
www.defonteintirion.nl

Voorwoord

Wat is dat toch met het maken van kerstkaarten? Het hele jaar zijn we ermee bezig. Vaak beginnen mensen in januari al met het maken van hun kerstkaarten, die ze dan netjes in zakjes bewaren tot ze allemaal klaar zijn en verzonden kunnen worden. Natuurlijk stuur je de kaarten naar iedereen die je kent en de allermooiste gaan naar de allerliefste mensen en meestal ook naar de mensen die zelf ook kaarten maken. Want, dan krijg je ook weer prachtige kaarten terug.
Er zijn heel veel technieken om te gebruiken en te combineren. Jenine en Marjan laten zien wat de populairste technieken van dit moment zijn en combineren al die technieken dan weer met Creatables. Want welke kaartenmaakster beschikt tegenwoordig niet over een handige machine waar je de Creatables doorheen kunt draaien. De uitgestanste papieren vormen kun je kleuren, chalken, distressen, schuren en op heel veel manieren met elkaar combineren. Jenine en Marjan zijn experts in het maken van al die combinaties van technieken en Creatables en hebben samengewerkt om jullie heel veel inspiratie te geven in dit prachtige boek.

Jenine en Marjan hebben allebei een eigen blog http://jenines-cardideas.blogspot.com en http://marjanvanderwiel.blogspot.com waarop jullie nog veel meer kunnen bekijken. Zet ze bij je favorieten!

Dan ga ik mij vast op deze kerst verheugen want ik sta bij Marjan en Jenine op de kerstkaartenlijst!

Marianne Perlot

Algemene benodigdheden

- Stansmachine (Cuttlebug, Double Do XL, Big Shot, Trouvaille etc.)
- Lijm (hobbylijm en Aleene's Tacky Glue)
- Dubbelzijdig tape
- Schaar
- Liniaal
- Glitterlijm (stickles)
- Snijmat
- Snijmesje
- Potlood
- Pincet
- 3D-schaartje
- 3D-kit
- Fotolijm
- Foamblokjes of -tape
- Prikmat
- Prikpen
- Dunne naaldjes

Algemene werkwijze

Beïnkt de randen van alle scrappapiertjes, kaartkarton etc. voordat dit op de kaart geplakt wordt. Dit kan met een Cat's Eye of met Distress ink.

Werken met de Creatables

Cuttlebug

Snijden: plaat A, plaat C, Creatable met snijrand omhoog, papier met goede kant naar beneden, plaat B.
Embossen: plaat A, 3 stukjes karton/plastic (kan per Cuttlebug verschillen dus test dit even uit met uw eigen Cuttlebug), plaat B, Creatable met snijrand omhoog, papier met goede kant naar beneden, siliconen matje, plaat B.

Double Do XL

Snijden: blauwe plaat, Creatable met de snijrand omhoog, papier met goede kant naar beneden, grijze plaat.
Embossen: haal de grijze plaat eraf, laat Creatable met karton liggen. Zwart embosmatje op de mal leggen, daarna de tweede blauwe plaat.

Big Shot

Snijden (methode A): snijden met basisblok en tab 2, transparante plaat, papier, Creatable met snijrand naar beneden, transparante plaat.
Snijden (methode B): witte plaat tab 2, transparante plaat, Creatable met snijrand omhoog, papier met goede kant naar beneden, doorzichtige plaat.

Embossen (methode A): basis blok, transparante plaat, Creatable, papier, rubberen matje + zwarte Sizzix plaat.
Embossen en tegelijk snijden (methode B): witte plaat dicht tab 2, doorzichtige plaat, Creatable, papier, Sizzix Premium Crease pad, Foam mat Cuttlebug.

3D-knippen en -plakken

Werk vanaf onderen naar boven. Neem eerst het grootste plaatje en daarna opstapelbaar de kleinere. Een mooi effect kan bereikt worden door kleine knipjes in het plaatje te maken. Bol het op met een embossingpen. Leg het op je vinger en vorm het zoals het er in werkelijkheid uitziet. Door onder het plaatje met de hoeveelheid kit te variëren (veel of weinig kit) wordt het gewenste diepte-effect bereikt.

Lintjes en strikjes

Lintjes zijn te koop in allerlei maten, materialen en kleuren. Het is erg leuk om dit bij de kaarten te gebruiken. Het geeft net dat beetje extra aan je kaart. Tegenwoordig zie je heel veel bloemenlintjes in allerlei kleuren en maten. De bloemetjes kun je ook los knippen en op de kaart plakken.

Papieren bloemen

Vorm de bloemen zoals ze er in het echt uit zien. Door onder de bloem met de hoeveelheid kit te variëren (veel of weinig kit) wordt het gewenste diepte-effect bereikt. Plak eerst de grote bloem. Daarna de kleinere. Laat het goed drogen. Het hart van de bloem kan met een halve glansparel of brad met spacer afgewerkt worden.

Bedeltjes/hangertjes en kraaltjes

In de sieradenhoek vind je een ruime sortering in bedeltjes en kralen. Let wel op dat de kralen niet te groot en te dik zijn voor de kaart. Ze kunnen dan met de postbezorging door de envelop schieten. Bescherm de kraal bij verzending met een stukje keukenrol of bobbeltjesplastic.

Borduren

Alle prikpatronen zijn op ware grootte afgebeeld. Meet goed uit waar het patroon op de kaart moet komen. Zet het patroon vast met verwijderbare tape, kleine naaldjes of kopspelden. Prik de gaatjes met een dunne prikpen. Zet de prikpen altijd rechtop in het papier. Zo krijg je mooie ronde gaatjes. Houd de kaart tegen het licht om te kijken of alle gaatjes zijn geprikt. Zet de draad aan de achterkant vast met plakband. Borduur eerst het hele patroon. Maak daarna de prikgaatjes aan de achterkant dicht met een bol voorwerp.

Christmas birds

Kerstnoten op zijn zang

Benodigdheden

- **Borduurgaren: Mettler Poly Sheen 0873, Silk Finish Multi 9843, Metallic 3543**
- **Knipvel: Mattie MB0131**
- **Scrappapier: Paperpad MD Songbook PK9075**
- **Kaartkarton: wit, grijs, blauw**
- **Creatables: LR0124, LR0161**
- **Parelpen: Waco wit**
- **Distress ink: Vintage Photo**
- **Kant wit, scrappersfloss bruin, roosjes blauw**

Werkwijze

Snijd kaartkarton van 13 x 13 cm, leg het borduurpatroon 1 hierop en prik deze zoals staat aangegeven. Bewerk de randen met Distress ink. Snijd achtergrondpapier met muzieknoten van 9 x 13 cm, bewerk ook hiervan de randen met Distress ink. Knip het 3D-plaatje uit en plak deze in het midden van de kaart. Snijd twee keer de rand (LR0161) uit blauw kaartkarton en schuur dit lichtjes op. Plak dit op het scrappapier en plak het geheel op de kaart. Werk dit af met een wit kantje. Snijd grijs kaartkarton van 13,5 x 13,5 cm en blauw kaartkarton van 14 x 28 cm. Ril het blauwe kaartkarton op 14 cm en vouw de kaart dubbel. Plak de kaart verder in elkaar. Versier de kaart met een ijsster (LR0124), wat roosjes, een strikje van scrappersfloss en wat parels.

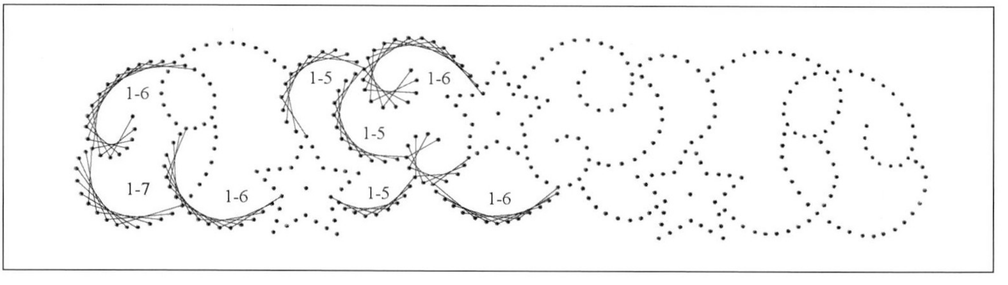

Borduurpatroon 1

Pimpelmeesje in geborduurde rand

Benodigdheden

- **Borduurgaren: Mettler Poly Sheen 0463, 5944, 3810, 3622, Metallic 0490**
- **Knipvel: Mattie MB0131**
- **Kaartkarton: wit, bamboo, blauw, groen**
- **Creatables: LR0152**
- **Distress ink: Bundled Sage**
- **Cat's eye: Chestnut Roan Chalk**
- **Kant: Vintage Lace MD JU0825**
- **Plakparels: MD Green JU0818**
- **Stempels: Eline's Vintage Christmas EC0099**
- **Satijnlint groen, scrappersfloss bruin**

De mooiste tijd van het jaar

Werkwijze

Snijd wit kaartkarton van 13 x 13 cm, prik het borduurpatroon 2 (blz. 13) hierop en borduur deze. Bewerk de randen met Distress ink. Snijd twee kleine cirkels met Creatable LR0152 uit bamboo kaartkarton en plak dit in het midden van de kaart. Knip het 3D-plaatje uit en plak deze op de kaart. Versier met plakparels en een strikje. Snijd bamboo kaartkarton van 13,5 x 13,5 cm, blauw kaartkarton van 14 x 14 cm en groen kaartkarton van 14,5 x 14,5 cm. Plak het geheel op elkaar. Snijd uit bamboo kaartkarton twee cirkels van Creatable LR0152. Leg de grootste ronde mal op blauw kaartkarton, teken de omtrek na en knip dit uit. Bestempel deze met witte stempelinkt (EC0099). Stempel in het middelste rondje wat uit de Creatable valt een tekst en plak dit op de kaart. Snijd bamboo kaartkarton van 13,5 x 13,5 cm. Stempel langs de rand wat kruissteekjes en bewerk de randen met bruine stempelinkt. Snijd blauw kaartkarton van 14 x 14 cm en plak de bamboo kaart hierop. Plak in het midden de uitgesneden Creatables. Plak daaroverheen een Vintage kantje, een groen strikje en plakparels. Snijd groen kaartkarton van 14,5 x 29 cm. Ril deze op 7 en 14,5 cm en vouw de kaart. Plak de geborduurde kaart tegen de strook van 7 cm aan (zorg ervoor dat de kaart blijft staan achter het Vintage kantje) en plak de kaart met Creatable cirkels onder op de kaart. Versier de kaart met plakparels.

De mooiste tijd van het jaar

Benodigdheden

- **Borduurgaren: Mettler Poly Sheen 0811, 1913, Silk Finish Multi 9818, 9858**
- **Knipvel: Mattie MB0132**
- **Kaartkarton: wit, oker, rood, groen**
- **Scrappapier: Paperpad Basic Grey Jovial JOV-2813**
- **Creatables: LR0142, LR0168**
- **Distress ink: Vintage Photo**
- **Cat's eye: Frost White**
- **Plakparels: MD Green JU0818**
- **Stempels: Eline's Vintage Christmas EC0099**
- **Organza lint groen, scrappersfloss bruin, rijstkorrelkraal rood**

Werkwijze

Snijd wit kaartkarton van 13 x 13 cm, prik het borduurpatroon 3 hierop en borduur deze zoals staat aangegeven. Bewerk de randen met Distress ink. Snijd uit okergeel kaartkarton een doily (LR0168), bewerk deze ook met Distress ink en plak deze links onder op de kaart. Snijd uit scrappapier een cirkel van 5,7 cm of teken de binnenkant van de mal (LR0168) na en knip dit uit. Plak dit in het midden van de doily. Knip het 3D-plaatje uit, plak deze op en werk deze op in 3D. Snijd een strookje rood kaartkarton, stempel hier een tekst op en plak deze iets gebogen op de kaart vast. Snijd okergeel kaartkarton van 13,5 x 13,5 cm, rood kaartkarton van 14 x 14 cm en groen kaartkarton van 14,5 x 29 cm. Ril het groene kaartkarton op 14,5 cm en vouw de kaart dubbel. Plak de kaart verder in elkaar en versier deze met een organza strik, scrappersfloss, een poinsettia (LR0142) en wat plakparels.

Roodborstje op hulst

Benodigdheden

- Borduurgaren: Mettler Poly Sheen Multi 0811, 1913, Silk Finish Multi 9818, 9858
- Knipvel: Mattie MB0132
- Kaartkarton: wit, oker, rood, groen
- Scrappapier: Basic Grey Jovial JOV-2813
- Creatables: LR0124, LR0143
- Distress ink: Vintage Photo
- Plakparels: MD Green JU0818, Red JU0819
- Organza lint groen, scrappersfloss bruin

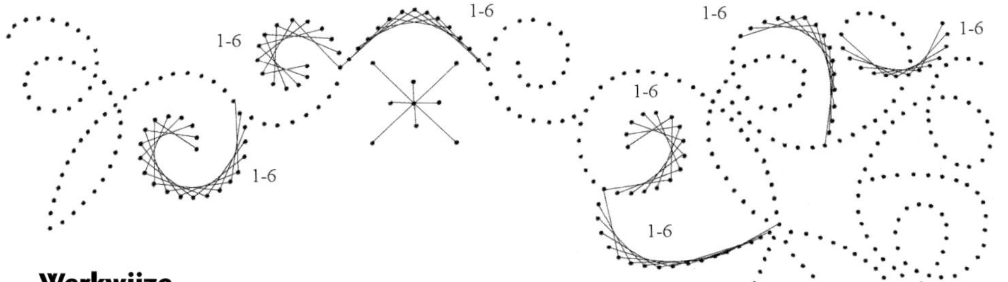

Werkwijze

Snijd wit kaartkarton van 13 x 13 cm. Prik het borduurpatroon 4 (blz. 21) en borduur deze zoals staat aangegeven. Bewerk de randen met Distress ink. Snijd twee keer een hoekje (LR0143) uit wit kaartkarton. Bewerk deze lichtjes met Distress ink en plak deze in twee hoeken. Snijd uit scrappapier een cirkel van 8,3 cm, bewerk deze ook met Distress ink en plak dit in het midden van de kaart. Knip het 3D-plaatje uit, plak deze op de kaart en werk deze op in 3D. Snijd okergeel kaartkarton van 13,5 x 13,5 cm, rood kaartkarton van 14 x 14 cm en groen kaartkarton van 14,5 x 29 cm. Ril het groene kaartkarton op 14,5 cm en vouw de kaart dubbel. Plak de kaart verder in elkaar. Versier de kaart nog met een organza lint, scrappersfloss, een ijsster (LR0124) en wat plakparels.

Borduurpatroon 3

Designables Christmas

Vaas met bloemen

Benodigdheden

- Kaartkarton: Papicolor original anjerwit (03), brilliant kiezel (161)
- Knipvel: Mattie MB0131
- Scrappapier: Paperpad Nostalgia PK9074
- Designable Swirls: DS0907
- Distress ink: Aged Mahogany
- Bloemen, roosjes, halve pareltjes
- Stukjes kant, spacers en brad
- Bedeltjes en kettinkje

Werkwijze

Snijd een dubbel crème karton van 15 x 15 cm en een enkel karton op 13,7 x 13,7 cm. Het scrappapier komt op 14,5 x 14,5 cm en 13,5 x 13,5 cm. Stans nu uit een stukje kiezelkleurig karton de Designable en knip deze langs de rand uit. Beïnkt alle randen met Distress ink en lijm dan alle delen volgens voorbeeld op het dubbelgevouwen karton. Bevestig de strik van kant samen met een paar bedeltjes en een kettinkje vast aan een brad en plaats deze op de kaart. Plak nu eerst de rand kant op en bevestig daarna het plaatje met 3D-kit op de kaart. Maak een boeketje onder in de hoek van de kaart en werk deze verder af door wat halve pareltjes op te plakken.

Konijntje in de sneeuw

Benodigdheden

- Kaartkarton: Papicolor original anjerwit (03), brilliant kiezel (161)
- Knipvel: Mattie MB0132
- Scrappapier: Paperpad Nostalgia PK9074
- Designable Frame: DS0908
- Distress ink: Aged Mahogany
- Bloemen, roosjes, kant
- Spacers en brad, glitterlijm
- Pins en kraaltjes
- Halve pareltjes en parelsterretjes

Werkwijze

Snijd een dubbel crème karton van 15 x 15 cm en een enkel karton van 14,5 x 13 cm. Het scrappapier komt op 14,5 x 14,5 cm en 14,5 x 12,5 cm. Snijd een stukje kiezelkleurig karton van 14,5 x 10 cm en stans dit met een Designable. Bevestig aan de achterkant van de kaart een stukje kant boven en onder. Bevestig de strik van kant met een brad op de juiste plaats. Beïnkt nu alle randen met Distress ink en lijm dan alle delen volgens voorbeeld op het dubbelgevouwen karton. Zet het plaatje met 3D-kit op de kaart en breng er een beetje glitterlijm op aan. Plaats in de hoek een boeketje bloemen en werk de kaart verder af door wat halve pareltjes en parelsterretjes op te plakken.

Rode bloemen

Benodigdheden

- Kaartkarton: Papicolor original kerstrood (43), brilliant kiezel (161)
- Knipvel: Mattie MD0131
- Scrappapier: Paperpad Nostalgia PK9074
- Designable Swirls: DS0907
- Creatables: LR0156, LR0157, LR0161
- Distress ink: Aged Mahogany
- Bloemen, roosjes, kant
- Spacers en brad
- Halve pareltjes

Werkwijze

Snijd een kerstrood karton van 28,3 x 15 cm en ril deze op 13,3 cm. Het scrappapier wordt 12,6 x 15 cm (voorkant) en 14,5 x 15 cm (binnenkant). Snijd dan een stukje kiezelkleurig karton van 15 x 11 cm en stans hierop de Designable. Stans nu de randcreatable (LR0161) uit een stukje kiezelkleurig karton en plak deze op het scrappapier (binnenkant) en knip deze iets breder langs de rand uit. Plak dit geheel daarna aan de binnenkant van de kaart en knip het langs de rand weer iets groter uit. Beïnkt alle randen met Distress ink en plak dan alles in volgorde van voorbeeld op de kaart. Stans nu het label (beïnkt ook deze randen) en plak deze op een stukje kerstrood en knip deze iets groter uit. Bevestig deze met een strik van kant en brad met spacers op de juiste plek van de kaart. Werk nu het plaatje met 3D-kit uit op het label. Plak op de rand van de voorkant van de kaart een stukje kant. Plaats in de hoek nog een boeketje bloemen met wat Creatables. Werk de kaart verder af door wat halve pareltjes op te plakken.

Hulsttak met bloem

Benodigdheden

- Kaartkarton: Papicolor original kerstrood (43), brilliant kiezel (161)
- Knipvel: Mattie MB0132
- Scrappapier: Paperpad Nostalgia PK9074
- Designable Frame: DS0908
- Distress ink: Aged Mahogany
- Kant en parelsterretjes
- Brad en kettinkje

Werkwijze

Snijd uit een stuk kerstrood karton een enkele kaart van 16 x 15 cm en 14,5 x 15 cm en een dubbel karton van 10 x 15 cm met de vouw aan de bovenkant. Het scrappapier komt op 12,2 x 15 cm, 11 x 15 cm en driemaal 9,5 x 14,5 cm. Snijd uit een stukje kiezelkleurig karton van 9 x 14 cm. Stans dit karton uit met een Designable. Pons met een doily-pons de twee enkele kerstrode kaarten. Beïnkt alle randen met Distress ink. Lijm dan alle delen volgens voorbeeld op elkaar. Bevestig aan het plaatje een kettinkje samen met een strik van kant met een brad. Werk het plaatje verder uit met 3D-kit. Lijm als laatste wat parelsterretjes op.

1-6
1-6
1-6
1-5
1-6
1-5
Borduurpatroon 2

Rudolph the rednosed reindeer

Kaarsversiering

Benodigdheden

- Kaartkarton: satijnpapier wit, rood, blauwgrijs
- Scrappapier: Paperpad MD Scandinavian Christmas PB9068
- Creatables: LR0118, LR0142, LR0168, LR0177, LR0178, LR0179
- Tekststempels: EC0099
- Cat's eye: Chestnut Roan Chalk
- Parelpen: Waco wit
- Randpons: Martha Stewart Doily Lace (MA284006)
- Kant blauw, scrappersfloss rood, roosjes rood en blauw, spacers zilver
- Bolsius-kaarsen van 19 en 13 cm hoog

Werkwijze

Snijd blauwgrijs kaartkarton van 23 x 9 cm, pons de onder- en bovenkant met de Doily Lace. Snijd scrappapier van 23 x 5 cm en plak dit op de strook. Bevestig de strook op de kaars met sterk dubbelzijdig tape. Snijd een doily (LR0168) uit rood kaartkarton en een cirkel van 6 cm uit wit satijnkarton. Bestempel deze en plak dit op de doily. Versier de doily met een rendier (LR0179) met slee (LR0178), een swirl, parels en wat scrappersfloss. Snijd drie setjes minipoinsettia's (LR0142) uit rood kaartkarton en plak deze op de kaars. Wikkel om de bovenkant nog een kant, roosje en scrappersfloss. Snijd voor de 'voet' nog een doily uit blauwgrijs kaartkarton en plak de kaars hierop.

Label Rudolph

Benodigdheden

- Kaartkarton: satijnpapier wit, rood, blauwgrijs, Kraft cardstock
- Scrappapier: Paperpad MD Scandinavian Christmas PB9068
- Creatables: LR0124, LR0178, LR0179
- Tekststempels: EC0099
- Cat's eye: Chestnut Roan Chalk
- Kant blauw, satijnlint smal blauw, scrappersfloss rood, knoopjes, plaksteentjes rood

Werkwijze

Snijd Kraft cardstock van 21 x 21 cm, ril deze op 10,5 cm en vouw de kaart dubbel. Snijd de kaart in model volgens patroon (blz. 17). Snijd volgens patroon een label uit blauwgrijs kaartkarton en een label uit lichtblauw scrappapier. Plak het geheel op elkaar en maak bovenin de label een gaatje met een eyelettool. Versier dit met een kantje/strikje. Snijd bewerkt scrappapier van 8,5 x 14,5 cm en plak dit schuin op de label. Plak hieroverheen een blauw kantje van 12,5 cm. Snijd uit satijnkarton een doily (LR0169). Leg de mal op rood kaartkarton, teken de omtrek na, knip dit uit en plak de witte doily hierop. Plak het geheel op de label. Snijd uit Kraft cardstock een slee (LR0179) en een rendier (LR0178). Plak deze met 3D-kit op de

'n
Geweldig
nieuw-
jaar
December
groetjes
KERST
KNUSSE
Kerst

label en versier deze met rood scrappersfloss. Snijd blauwgrijs kaartkarton van 3 x 10 cm, stempel een tekst hierop, snijd deze in een punt en plak dit bol op de kaart. Versier de label verder nog met wat ijssterren (LR0124), knoopjes en plaksteentjes.

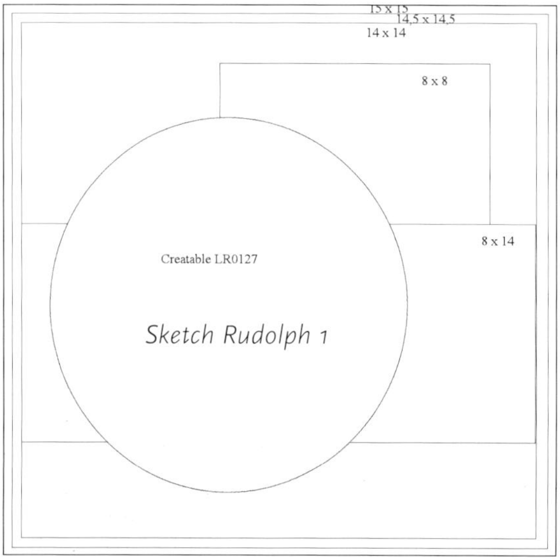

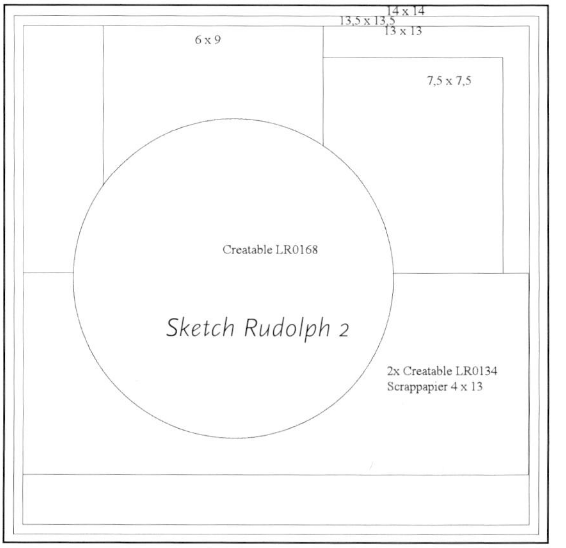

Decembergroetjes

Benodigdheden

- **Kaartkarton: satijnpapier wit, rood, blauwgrijs**
- **Scrappapier: Paperpad MD Scandinavian Christmas PB9068**
- **Creatables: LR0127, LR0154, LR0176, LR0177**
- **Tekststempels: EC0099, EC0122**
- **Parelpen: Waco rood**
- **Cat's eye: Chestnut Roan Chalk**
- **Randpons: Martha Stewart Doily Lace (MA284006)**
- **Kant wit breed, kant wit smal, parelsnoer wit, scrappersfloss rood, roosjes rood**

Werkwijze

Snijd rood kaartkarton van 14,5 x 14,5 cm en rood-wit scrappapier met sterren van 14 x 14 cm en plak dit op elkaar. Snijd rood scrappapier met ijsster van 8 x 8 cm, plak dit rechts boven op de kaart. Snijd een strook scrappapier van 8 x 14 cm. Pons langs de bovenkant een rand (MA284006) en plak dit op de kaart. Plak langs de rand een kantje. Snijd uit satijnkarton wit een label, bewerk de randen en stempel een tekst hierop. Bevestig bovenaan de label een gestrikt kantje, roosjes en parelsnoer. Plak de label schuin op de kaart.

Snijd uit blauwgrijs kaartkarton een hulstkrans (LR0127). Leg de mal op lichtblauw scrappapier, teken de omtrek na en knip dit uit. Plak de hulstkrans hierop, bewerk het geheel met stempelinkt. Wikkel een stuk rood scrappersfloss om de kaart, plak de hulstkrans op en wikkel het scrappersfloss nogmaals om de kaart en strik deze. Snijd uit wit satijnkarton een boom (LR0176). Leg de mal op blauwgrijs kaartkarton, teken de omtrek na en knip deze uit. Plak de witte boom hierop. Snijd een rendier (LR0177) uit wit satijnkarton en plak deze voor de boom. Versier de kaart verder met een gestempelde tekst (EC0122) en wat parels. Snijd blauwgrijs kaartkarton van 15 x 30 cm, ril de kaart op 15 cm en vouw deze dubbel. Plak de kaart verder in elkaar (zie sketch Rudolph 1).

'n Geweldig Nieuwjaar

Benodigdheden

- **Kaartkarton: satijnpapier wit, rood, blauwgrijs**
- **Scrappapier: Paperpad MD Scandinavian Christmas PB9068**
- **Creatables: LR0116, LR0123, LR0134, LR0168, LR0177**
- **Tekststempels: EC0099**
- **Cat's eye: Chestnut Roan Chalk**
- **Plakparels: Basic Grey OPA-1756**
- **Kant blauw, satijnlint wit, satijnlint blauw, satijnlint zilver, scrappersfloss lichtblauw, roosjes rood, spacers zilver**

Werkwijze

Snijd rood kaartkarton van 13,5 x 13,5 cm, bewerkt scrappapier van 13 x 13 cm en plak dit op elkaar. Snijd lichtblauw scrappapier van 7,5 x 7,5 cm en plak dit rechts op de kaart. Snijd wit scrappapier met sterren van 6 x 9 cm en plak dit links boven op de kaart. Snijd twee keer een sterrenrand (LR0134) uit blauwgrijs kaartkarton en een strook rood scrappapier van 4 x 13 cm. Plak de sterrenrand aan de boven- en onderzijde van dit scrappapier. Plak het geheel op de kaart en plak hieroverheen een blauw kantje. Snijd uit wit satijn karton een doily (LR0168), stempel een tekst hierop (EC0099) en plak het geheel op de kaart. Snijd uit Kraft cardstock een rendier (LR0177). Bewerk deze met wat stempelinkt en plak hem met 3D-kit op de kaart. Snijd uit satijnkarton ijssterren (LR0123) en swirls (LR0116). Bevestig deze met een splitpen en spacer links op de kaart. Plak daar tussenin een satijnlint met roosje. Versier de kaart verder met plakparels, knoopjes en strikjes. Snijd blauwgrijs kaartkarton van 14 x 28 cm, ril deze op 14 cm en vouw de kaart dubbel. Plak het geheel in elkaar (zie sketch Rudolph 2).

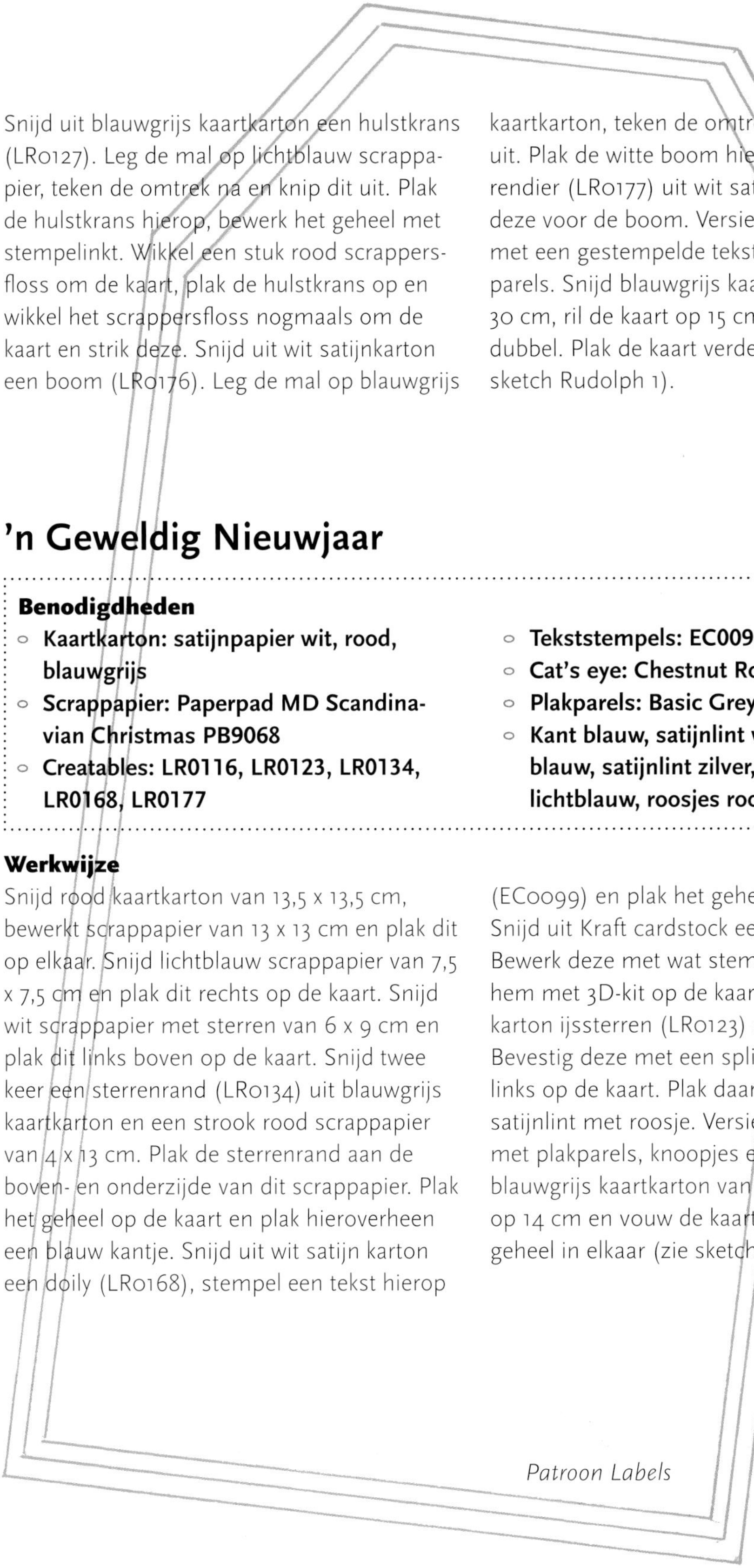

Patroon Labels

Snoezig kerstfeest

Vrolijk kerstfeest

Benodigdheden

- Kaartkarton: Papicolor original cerise (33)
- Knipvel: Snoesjes 3DHM0030
- Scrappapier: Paperpad Traditional Christmas PB7027
- Creatables: LR0126, LR0127, LR0134
- Clear Stamp: kersttekst CS0832
- Organza lint, parelsterretjes
- Brad en spacers
- Bloemen en roosjes

Werkwijze

Snijd een dubbel cerise karton van 15 x 15 cm en enkel karton van 13,5 x 13,5 cm en 12 x 7 cm. Het scrappapier komt op 14,5 x 14,5 cm, 13 x 13 cm en 11,5 x 6,5 cm. Stans uit cerise karton de Creatables: sterrenkrans, kerststerren en hulstblaadje. Lijm alle delen volgens voorbeeld op het dubbelgevouwen karton. Plaats de tekst in de gestanste sterrenkrans. Werk het plaatje met 3D-kit uit op de kaart. Plaats een boeketje bloemen in de hoek op de kaart. Bevestig het organza lint met een brad. Werk de kaart verder af door wat parelsterretjes op te plakken.

Snoesjes met hondje

Benodigdheden

- Kaartkarton: Papicolor original anjerwit (03), brilliant champagne (163)
- Knipvel: Snoesjes 3DHM0029
- Scrappapier: Paperpad Traditional Christmas PB7027, Songbook PK9075
- Creatables: LR0157, LR0169
- Distress ink: Aged Mahogany
- Kant, brad en spacers
- Bloemen en roosjes
- Halve pareltjes en parelsterretjes

Werkwijze

Snijd een dubbel anjerwit karton van 15 x 15 cm en enkel karton van 10 x 8,5 cm, 8 x 8 cm en 15 x 4 cm. Het scrappapier komt op 14,5 x 14,5 cm, 9,5 x 8 cm, 7,5 x 7,5 cm en 15 x 3,5 cm. Stans uit een stukje brilliant-karton de Creatable doily hoek (LR0169). Beïnkt nu alle randen van het gesneden karton en uitgestanste Creatable. Lijm nu alle delen volgens voorbeeld op het dubbelgevouwen karton. Lijm een stukje kant op de lange strook. Plak de uitgestanste Creatable op een stukje anjerwit karton en knip deze iets groter uit. Beïnkt hiervan ook alle randen. Bevestig een strik van kant met een brad en spacer op de punt en lijm deze dan op de kaart. Werk het plaatje met 3D-kit uit op de kaart. Plaats de takjesswirl (LR0157) samen met een boeketje bloemen schuin onder het plaatje. Werk de kaart verder af door wat halve pareltjes en parelsterren op te plakken.

Vrolijk
Kerstfeest
Prettige Kerstdagen

Snoesjes in galakleding

Benodigdheden

- Kaartkarton: Papicolor smart grijs (617)
- Knipvel: Snoesjes 3DHM0031
- Scrappapier: Paperpad Traditional Christmas PB7027, Eline's Vintage Christmas Red&Blue PB7021
- Creatables: LR0122, LR0127
- Distress ink: Weathered Wood
- Kant, brad
- Diversen bloemen en takjes
- Bedeltje en kettinkje
- Halve pareltjes

Werkwijze

Snijd een dubbel grijs karton van 15 x 15 cm en een enkel van 7,5 x 13,5 cm en 14,5 x 4 cm. Het scrappapier komt op 14,5 x 14,5 cm, 7 x 13 cm en 14,5 x 3,5 cm. Stans uit een stukje grijs karton de hulstkrans Creatable (LR0127) en beïnkt de randen. Plak deze op een stukje scrappapier en knip iets groter uit. Beïnkt nu alle randen van het gesneden karton en papier. Bevestig met een brad de kanten strik met brad , kettinkje en bedeltje. Lijm nu alle delen volgens voorbeeld op de dubbelgevouwen kaart en plak een stukje kant op de strook. Werk het plaatje uit met 3D-kit. Stans de poinsettia Creatable (LR0122) uit en plak deze op elkaar. Bevestig deze samen met een bloem en wat takjes op de hoek van de kaart. Werk de kaart verder af door wat halve pareltjes op te plakken.

Snoesjes met dikke sjaal

Benodigdheden

- Kaartkarton: Papicolor original donkerblauw (06), brilliant kiezel (161)
- Knipvel: Snoesjes 3DHM0032
- Scrappapier: Paperpad Winterworld PK9077, Traditional Christmas PB7027
- Creatables: LR0157, LR0169
- Clear Stamp: kersttekst CS0832
- Distress ink: Chipped Sapphire
- Paper flower mix CP8961
- Pins en kraaltjes
- Roosjes en spacers
- Diversen kant

Werkwijze

Snijd tweemaal een dubbel donkerblauw karton van 15 x 15 en een enkel karton van 14,5 x 5 cm en voor een label 14 x 14 cm. Het scrappapier komt op tweemaal 14,5 x 14,5 cm en een strook van 14,5 x 4,5 cm. Voor het losse label zijn de maten van het scrappapier 13,5 x 13,5 cm, 12 x 12 cm en 14 x 6,5 cm. Beïnkt hiervan alle randen en plak deze in juiste volgorde op het enkele karton. Stans een gaatje boven in het midden, haal een stukje kant erdoor en plak er een aantal roosjes bij. Pak nu de twee dubbelgevouwen kaarten en snijd deze allebei in tegenovergestelde schuin van uit de punten af. Plak langs deze afgesneden kanten een randje kant. Beïnkt alle randen met Distress ink. Plak nu alle delen volgens voorbeeld in en op elkaar en lijm een stukje kant op de strook aan de voorkant. Stans nu op kiezelkleurig karton elke Creatable (doily hoek en takjesswirl) tweemaal uit. Beïnkt de randen en plak ze op een stukje scrappapier en knip deze iets groter uit. Beïnkt weer deze randen en lijm ze als laatste op donkerblauw karton en knip deze weer iets groter uit. Plak er één op de voorkant van de kaart en werk daar het plaatje met 3D-kit uit. Plak de andere op het label en stempel de tekst erop. Plak de bloemen met brads en spacers op met een beetje 3D-kit. Werk de voorkant van de kaart af door wat bloemen met roosjes en pins met kraaltjes er op te plaatsen.

Borduurpatroon 4

Winterse snoesjes

Snoesjes in avondkleding

Benodigdheden

- Kaartkarton: Papicolor original hagelwit (30), brilliant kiezel (161)
- Clear Stamp: Snoesjes HM9435
- Scrappapier: Paperpad Winterworld PK9077
- Creatables: LR0142, LR0156, LR0161, LR0169
- Distress ink: Chipped Sapphire
- Ciao Copic markers (0/E43/E47/R02/R11/R17/R29/R37/E51/E53/E93/B00/B12/B24/B29/B39)
- Organza lint
- Bloemen, parelsterretjes
- Brads en spacers

Werkwijze

Snijd een dubbel hagelwit karton van 15 x 15 cm. Het enkele karton wordt 10,5 x 8,5 cm en 7 x 11 cm. Het scrappapier komt op 14,5 x 14,5 cm, 10 x 8 cm en 6,5 x 10,5 cm. Stans de gebruikte Creatables – doily, poinsettia, kant en blaadjes – uit op brilliant-karton. Beïnkt alle randen van het gesneden karton, scrappapier en de gestanste Creatables. Plak de gestanste doily (LR0169) op een stukje hagelwit karton, knip deze iets groter uit en beïnkt hier ook de randen van. Lijm nu alle delen volgens voorbeeld op het dubbelgevouwen karton. Stempel de afdruk en kleur deze met de aangegeven copics in. Knip dan de afbeelding helemaal uit en plak deze op de uitgestanste doily. Bevestig de organza strik met een brad. Werk de kaart verder af door wat bloemen met spacers en brads op te plakken en bevestig in de hoek wat parelsterretjes.

Snoesjes in nachtkleding

Benodigdheden

- Kaartkarton: Papicolor original hagelwit (30), brilliant kiezel (161)
- Clear Stamp: Snoesjes HM9433, tekst EC0099
- Scrappapier: Paperpad Winterworld PK9077
- Creatables: LR0156, LR0157, LR0167, LR0169
- Distress ink: Chipped Sapphire
- Ciao Copic markers (G99/E43/E47/0/R02/R11/R17/R29/R37/E51/E53/E93/B00/B12/B24/B29/B39)
- Organza lint en kant
- Brad en spacers
- Bloemen en besjes
- Halve pareltjes
- Hoekjespons

kadootjes
kaarsjes
Kerst

Werkwijze

Snijd een dubbel hagelwit karton van 15 x 15 cm en een enkel karton van 14 x 14 cm en 6,5 x 9 cm (hiervan de hoekjes ponsen). Het scrappapier komt op 14,5 x 14,5 cm, 13,5 x 13,5 cm en 7 x 9,5 cm (pons hiervan de hoekjes). Stans alle benodigde Creatables – blaadjes, takjesswirl, doily en muzieksleutel – uit brilliant-karton. Beïnkt alle randen met Chipped Sapphire. Lijm alle delen volgens voorbeeld op het dubbelgevouwen karton. Plak nu het kant op de kaart. Stempel de tekstafdruk op de gestanste Creatable. Stempel de afdruk af en kleur deze met de aangegeven copics in en knip dan de afbeelding helemaal uit. Lijm deze op de geponste delen en plak deze op de kaart. Zet het organza lint vast met een brad en spacer. Plak de uitgestanste sleutel op en plaats in de andere hoek wat bloemen, besjes en blaadjes met takjesswirl. Werk de kaart verder af door wat halve pareltjes op te plakken.

Snoesjes in de sneeuw

Benodigdheden

- **Kaartkarton: Papicolor original hagelwit (30), brilliant kiezel (161)**
- **Clear Stamp: Snoesjes HM9436**
- **Scrappapier: Paperpad Winterworld PK9077**
- **Creatables: LR0143, LR0156, LR0157**
- **Distress ink: Chipped Sapphire**
- **Ciao Copic markers (E43/E47/0/R02/R11/R17/R29/R37/E51/E53/E93/B00/B12/B24/B29/B39)**
- **Kant, brad en spacers**
- **Bloemen en roosjes**
- **Pins en kraaltjes**
- **Parelsterretjes**

Werkwijze

Snijd een dubbel hagelwit karton van 15 x 15 cm en tweemaal een enkel karton van 10 x 7 cm en eenmaal 7,5 x 9 cm. Het scrappapier komt op 14,5 x 14,5 cm en tweemaal 9,5 x 6,5 cm. Het papier waar de stempel op afgedrukt wordt is 7 x 8,5 cm. Kleur de afdruk in met de aangegeven kleur copics. Stans de benodigde Creatables uit op brilliant-karton. Distress alle randen van het gesneden karton en scrappapier. Lijm nu eerst het eerste deel scrappapier op en bevestig dan een stuk kant hierop. Lijm dan alle andere delen volgens voorbeeld op elkaar. Plak dan de hoekcreatable (LR0143) op en bevestig hierop een bloem met pins en wat kraaltjes. Zet de strik van kant vast met een brad en plaats onder in de hoek een boeketje bloemen met een takjesswirl (LR0156) en blaadjes (LR0157). Werk de kaart verder af door wat parelsterretjes op te plakken.

Snoesjes met kerstman (doosje)

Benodigdheden

- Kaartkarton: Papicolor original hagelwit (30), brilliant kiezel (161)
- Clear Stamp: Snoesjes HM9434
- Scrappapier: Paperpad Winterworld PK9077
- Creatables: LR0156, LR0157, LR0169
- Distress ink: Chipped Sapphire
- Ciao Copic markers (E43/E47/0/R02/R11/R17/R29/R37/E51/E53/E93/B00/B12/B24/B29/B39)
- Kant en parelkoord
- Brad en spacers
- Bloemen, roosjes en besjes
- Glitterlijm, halve pareltjes

Werkwijze

Snijd het patroon van het doosje en deksel (blz. 48) uit op hagelwit karton. Snijd van het scrappapier voor het doosje de volgende maten: tweemaal 14,6 x 2,5 cm en tweemaal 6,5 x 2,5 cm. Voor de zijkanten van het deksel zijn dit de maten voor het scrappapier: tweemaal 14,8 x 1 cm en tweemaal 7 x 1 cm. Voor de bovenkant van het doosje zijn de maten van het scrappapier: 14,8 x 6,8 cm en 14,3 x 6,3 cm. Stans de benodigde Creatables – blaadjes, takjesswirl, doily – uit brilliantkarton. Plak nu de doily op een stukje hagelwit karton en knip deze iets groter uit. Beïnkt nu alle randen van het doosje, scrappapier en de uitgestanste Creatables. Vouw het doosje en deksel in elkaar en plak deze vast met een tacky glue of tape. Lijm nu alle delen volgens voorbeeld op elkaar. Stempel het afdrukje af en kleur deze in met de aangegeven copics en knip daarna deze afbeelding helemaal uit en plak deze op de uitgestanste doily. Bevestig de kanten strik met een brad en spacer op het doosje. Plak aan de zijkant een stukje kant rondom en plak daarop een parelkoordje. Plaats in de hoek een boeketje bloemen met takjesswirl en blaadjes. Werk het doosje verder af door wat glitterlijm op het afbeelding aan te brengen en wat halve pareltjes op te plakken.

Eline's Winter Wonderland

Joy!

Benodigdheden

- Kaartkarton: lichtroze, aqua/groen, bordeaux, Kraft cardstock
- Scrappapier: Paperpad Eline's Merry Little Christmas PB7034
- Stempels: Eline Pellinkhof EC0117, Eline's Winter Huis EC0132
- Creatables: LR0124, LR0152
- Plakparels: MD Vintage JU0817
- Parelpen: Waco pastelroze
- Kant: MD Vintage Lace Off white JU0825
- Aquarelpapier
- Distress ink: Tattered Rose, Vintage Photo, Bundled Sage, Pumice Stone, Old Paper, Brushed Corduroy
- Roosjes, bedel, organza lint crème, scrappersfloss wit

Werkwijze

Snijd lichtroze kaartkarton van 13,5 x 13,5 cm en roze scrappapier met rendier van 9 x 13 cm, groen scrappapier van 8 x 10 cm en een strook bordeaux scrappapier van 5 x 13 cm. Plak het scrappapier volgens voorbeeld op het roze kaartkarton. Plak een stuk kant langs het bordeaux scrappapier. Snijd uit Kraft cardstock twee keer de middelste cirkel (LR0152) en plak deze op de kaart. Snijd uit bordeaux kaartkarton de grote cirkel (LR0152). Leg de mal daarna op bruin scrappapier, teken de omtrek na en knip deze uit. Plak de bordeaux cirkel hierop. Plak het geheel daarna op de kaart. Stempel het meisje (EC0117) op aquarelpapier, knip deze uit en kleur de afbeelding in met Distress ink. Plak deze met 3D-kit op de cirkel. Versier de kaart nog met een organza strik, een ijsster (LR0124), wat roosjes en plakparels. Stempel de tekst Joy op een cirkeltje van Kraft cardstock van 3,5 cm. Plak deze vast en bevestig ter decoratie wat nietjes. Snijd aqua/groen kaartkarton van 14 x 28 cm, ril deze op 14 cm en vouw de kaart dubbel. Plak de kaart verder in elkaar (zie sketch 1).

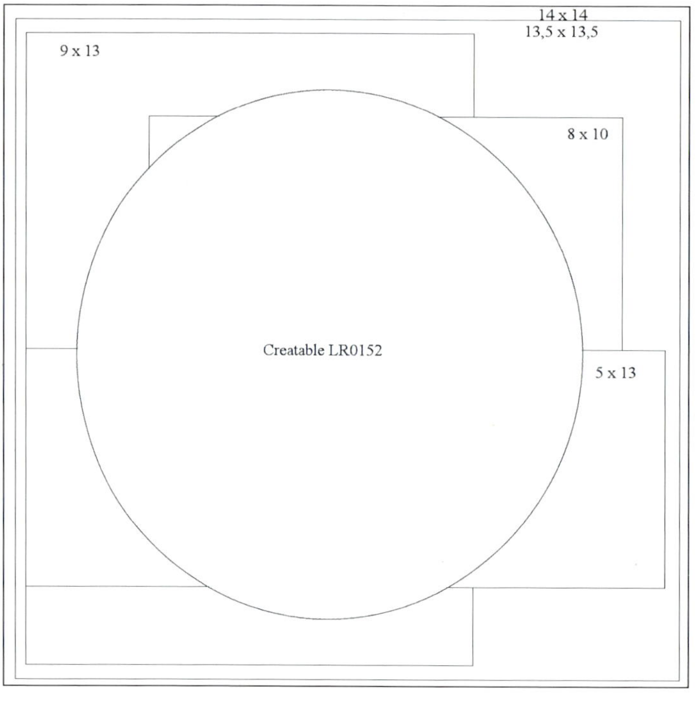

Sketch
Eline's Winter Wonderland 1

Happy Holidays
JOY
Merry Christmas

Happy Holiday!

Benodigdheden

- Kaartkarton: aqua/groen, bordeaux, Kraft cardstock
- Scrappapier: Paperpad Eline's Merry Little Christmas PB7034
- Stempels: Eline Pellinkhof EC0118, Eline's Winter Huis EC0132
- Creatables: LR0124, LR0142, LR0154, LR0161
- Plakparels: MD Red JU0819
- Parelpen: Waco pastelroze
- Aquarelpapier
- Distress ink: Tattered Rose, Worn Lipstick, Aged Mahogany, Bundled Sage, Pumice Stone, Tea Dye, Vintage Photo, Old Paper, Walnut Stain, Mustard Seed
- Roosjes, bedel, organza lint crème, scrappersfloss rood, knoopjes

Werkwijze

Snijd Kraft cardstock van 14 x 28 cm, ril deze op 14 cm en vouw de kaart dubbel. Bewerk de randen met bruine stempelinkt. Snijd roze scrappapier met rendier van 11 x 12,3 cm, aqua/groen scrappapier van 6 x 13 cm. Plak deze volgens voorbeeld op de kaart. Snijd uit bordeaux scrappapier een rand (LR0161) en plak deze rechts op de kaart. Snijd een strook bruin scrappapier van 4,5 x 14 cm en bordeaux scrappapier van 8,5 x 8,5 cm. Plak dit volgens voorbeeld op de kaart. Snijd aquarelpapier van 6,5 x 10,5 cm, stempel het afdrukje (EC0118) hierop en kleur deze in met Distress ink. Stempel rechts een tekst (EC0132). Snijd aqua/groen kaartkarton van 7 x 11 cm, plak het afdrukje hierop en plak dit op de kaart met dubbelzijdig tape. (Let op: plak dit alleen boven, links en onder, zodat rechts de label onder het afdrukje geschoven kan worden). Snijd uit bordeaux scrappapier een rand (LR0161) en plak deze links over het afdrukje. Versier de kaart verder nog met een ijsster (LR0124), een minipoinsettia (LR1042), een label uit Kraft cardstock (LR0154), wat knoopjes, roosjes en plakparels, zie sketch 2 (blz. 37).

Merry Christmas

Benodigdheden

- Kaartkarton: lichtroze, aqua/groen, bordeaux, Kraft cardstock
- Scrappapier: Paperpad Eline's Merry Little Christmas PB7034
- Stempels: Eline Pellinkhof EC0115, EC0117, Eline's Winter Huis EC0132
- Creatables: LR0118, LR0122, LR0143
- Plakparels: MD Red JU0819
- Sneeuw: Viva Snow Writer
- Kant: MD Vintage Lace Off White JU0825
- Aquarelpapier
- Distress ink: Tattered Rose, Spun Sugar, Worn Lipstick, Bundled Sage, Vintage Photo, Old Paper, Brushed Corduroy, Walnut Stain, Spiced Marmalade
- Roosjes, bedel, spacer, splitpen, scrappersfloss wit

Werkwijze

Snijd Kraft cardstock van 14 x 28 cm, ril op 14 cm en vouw de kaart dubbel. Stempel een rand langs de kaart (hoekjesstempel EC0132) en bewerk de randen met bruine stempelinkt. Snijd aqua/groen scrappapier van 7 x 10 cm, bordeaux scrappapier van 5,5 x 13 cm en roze scrappapier met rendier van 7 x 11 cm. Plak volgens voorbeeld op de kaart. Plak schuin over de kaart een off white kantje van 19 cm. Snijd aquarelpapier van 10,5 x 10,5 cm. Stempel de afdrukjes hierop en kleur in met Distress ink. Stempel rechts een tekst en stempel een rand langs het afdrukje. Snijd aqua/groen kaartkarton van 11 x 11 cm, plak het afdrukje hierop en plak deze schuin op de kaart. Snijd uit Kraft cardstock een hoekje (LR0143). Leg de mal op bordeaux scrappapier, teken de omtrek na en knip deze uit. Plak het geheel op de kaart. Snijd uit lichtroze kaartkarton drie keer een poinsettia en bestempel deze (EC0132). Bevestig een spacer met roosje in het midden van de poinsettia en plak deze op de kaart. Versier de kaart met twee swirls (LR0118) uit Kraft cardstock, een gestrikt kantje, een splitpen, bedel, plakparels en sneeuw, zie sketch 3 (blz. 47) .

Kerstprieeltje

Benodigdheden

- **Kaartkarton: aqua/groen, bordeaux, Kraft cardstock**
- **Scrappapier: Paperpad Eline's Merry Little Christmas PB7034**
- **Stempel: Eline Pellinkhof EC0116, EC0118, Eline's Winter Huis EC0132**
- **Creatables: LR0124, LR0161, LR0176, LR0178, LR0179**
- **Plakparels: MD Red JU0819**
- **Parelpen: Waco pastelroze**
- **Sneeuw: Viva Snow Writer**
- **Aquarelpapier**
- **Distress ink: Tattered Rose, Worn Lipstick, Aged Mahogany, Mustard Seed, Bundled Sage, Pumice Stone, Forest Moss, Vintage Photo, Tea Dye, Old Paper, Walnut Stain**
- **Roosjes, scrappersfloss rood, keperband 2 cm breed**

Werkwijze

Snijd aqua/groen kaartkarton van 15 x 30 cm en ril deze op 3, 6, 11, 16 en 22 cm. Vouw de kaart in model. Snijd aqua/groen scrappapier van 3 x 15 cm en plak dit op de onderste trap. Stempel op keperband een tekst en rendieren (EC0132) en plak dit over de strook. Plak hier wat plakparels op. Snijd uit roze scrappapier met rendier een strook van 4,5 x 14,5 cm en plak deze op de tweede trap. Snijd uit aqua/groen kaartkarton twee keer een kerstboom (LR0176). Leg de mal daarna op wit kaartkarton, teken de omtrek na en knip deze uit. Plak de uitgestanste kerstboom hierop. Plak de bomen op de kaart, plak de tweede boom met 3D-kit op de kaart. Snijd uit Kraft cardstock een slee (LR0179) en een rendier (LR0178). Plak deze met 3D-kit op de kaart en span tussen de slee en het rendier een stukje scrappersfloss. Versier de bomen nog met wat sneeuw en parels (parelpen). Snijd aqua/groen scrappapier van 6,5 x 14,5 cm en plak dit op de derde trap. Snijd aquarelpapier van 11 x 13 cm. Stempel de afdrukjes hierop en kleur deze in met Distress ink. Maak een stempelrand langs het afdrukje (EC0132) en bewerk de randen met bruine stempelinkt. Snijd bordeaux kaartkarton van 11,5 x 13,5 cm, plak het afdrukje hierop en plak dit daarna op de derde trap. Snijd een rand uit bordeaux kaartkarton (LR0161) en plak dit onder langs het afdrukje en plak daar overheen een stuk bestempeld keperband. Versier de kaart verder met uitgestanste ijssterren (LR0124), wat roosjes en wat stickles.

Eline's Winter Huis

Jingle Bells

Benodigdheden

- Kaartkarton: lichtroze, aqua/groen
- Scrappapier: Paperpad Eline's Merry Little Christmas PB7034
- Creatables: LR0185, LR0187, LR0188, LR0189
- Stempels: Eline's Winter Huis EC0132
- Kant: MD Vintage Lace Off white JU0825
- Plakparels: MD Ivory JU0822
- Stempelinkt: Archival Coffee
- Satijnlint bordeaux, scrappersfloss bruin

Werkwijze

Snijd lichtroze kaartkarton van 14,5 x 14,5 cm. Stempel een rand om de kaart (EC0132) en een tekst. Bewerk de randen met stempelinkt. Snijd groen scrappapier van 9 x 14 cm, beige scrappapier met tekst van 7 x 10 cm en bordeaux scrappapier van 8 x 9 cm. Scheur het bordeaux scrappapier aan één zijde en plak dan alles volgens voorbeeld op de kaart. Snijd een doily (LR0185) uit lichtroze scrappapier, stempel een achtergrond hierop en plak deze op de kaart. Plak schuin over de kaart een stuk kant van 19 cm en niet deze vast. Snijd een label (LR0188) uit aqua/groen kaartkarton en bestempel deze. Bevestig bovenaan een kantje. Snijd een label uit bewerkt scrappapier en plak beide labels daarna schuin op de kaart. Versier de kaart met wat uitgestanste bloemen en bladeren (LR0189), wat knoopjes (LR0188), een tekstlabel (LR0187), wat lintjes en plakparels. Snijd aqua/groen kaartkarton van 15 x 30 cm, ril deze op 15 cm en vouw de kaart dubbel. Plak het geheel in elkaar, zie sketch 1.

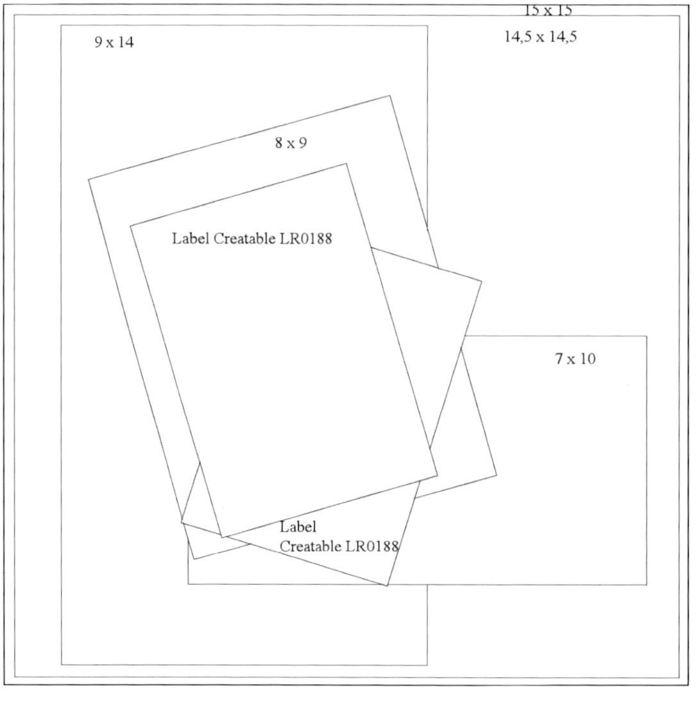

Sketch
Eline's Winter Huis 1

JOY
Jingle bells
Jingle bells
Jingle all the way
Oh, what fun
it is to ride
In a one horse
open sleigh
Merry Christmas
Season Greetings

Kersthanger

Benodigdheden

- Kaartkarton: lichtroze, aqua/groen
- Scrappapier: Paperpad Eline's Merry Little Christmas PB7034
- Creatables: LR0186, LR0187, LR0188, LR0189
- Stempels: Eline's Winter Huis EC0132
- Kant: MD Vintage Lace Off White JU0825
- Plakparels: MD Ivory JU0822
- Stempelinkt: Archival Coffee
- Scrappersfloss bruin

Werkwijze

Snijd een hart (LR0186) uit lichtroze kaartkarton, bestempel deze met een muzieknoten achtergrond (EC0132). Leg de mal op bordeaux scrappapier, teken de omtrek na, knip deze uit en plak het lichtroze hart hierop. Snijd een ijsster (LR0187) uit groen scrappapier en uit bordeaux scrappapier, plak deze op elkaar. Snijd een label (LR0188) uit beige scrappapier. Stempel hier een tekst op (EC0132) en plak hier schuin een stukje kant op. Snijd nog wat bloemen, takjes en knoopjes uit om de label mee te versieren. Snijd nog twee bloemen uit lichtroze kaartkarton en twee knoopjes uit aqua/groen kaartkarton. Bestempel deze met muzieknoten en plak ze op elkaar. Neem een stuk kant van ca. 45 cm. Leg het kant bovenaan dubbel (ca. 10 cm), leg het hart hier tussen en niet dit vast. Plak het hart met dubbelzijdig tape vast op het kant. Plak hieronder m.b.v. dubbelzijdig tape een bloem, ster, weer een bloem en daarna de label. Maak de onderste label weer vast door middel van een nietje. Versier de hanger verder nog met wat knoopjes, plakparels en een strikje.

Wall hanger

Benodigdheden

- Kaartkarton: lichtroze, aqua/groen, bordeaux
- Scrappapier: Paperpad Eline's Merry Little Christmas PB7034
- Creatables: LR0186, LR0187, LR0188, LR0189
- Stempels: Eline's Winter Huis EC0132
- Kant: MD Vintage Lace Off White JU0819
- Stempelinkt: Archival Coffee
- Borduurband: 4 cm hoog, 32 cm lang
- DMC borduurgaren: 647, 815, 838
- Taartrandje, tule, satijnlint bordeaux, organza lint, parelsnoer, scrappersfloss wit

Werkwijze

Neem een A4-vel aqua/groen kaartkarton en bestempel de rand en wat achtergrondjes (EC0132). Bewerk de randen met bruine stempelinkt. Snijd groen scrappapier van 11 x 21 cm, beige scrappapier met tekst van 13 x 10 cm, bordeaux scrappapier van 14 x 10 cm, roze scrappapier met rendier van 11 x 11 cm en beige scrappapier met tekst van 10 x 10 cm. Plak dit alles volgens voorbeeld op het A4-karton en plak ook twee taartrandjes hierop. Borduur het kruissteekpatroon op het borduurband, stik onderlangs een kantje. Plak de band met sterk dubbelzijdig tape op het geheel. Versier de Wallhanger verder nog met een uitgestanst hart (LR0186), een ster (LR0187), wat tekstlabels (LR0187), knoopjes (LR0188) en wat bloemen en bladeren (LR0189). Rijg onder de uitgestanste bloemen nog een smal strookje tule. Decoreer de Wallhanger verder nog met plakparels, parelsnoer en roosjes. Bevestig in het midden van de Wallhanger twee eyelets en rijg daar een stuk organza lint door van ca. 70 cm en strik deze bovenaan. Plak voor de afwerking nog een vel A4 aqua/groen kaartkarton aan de achterkant.

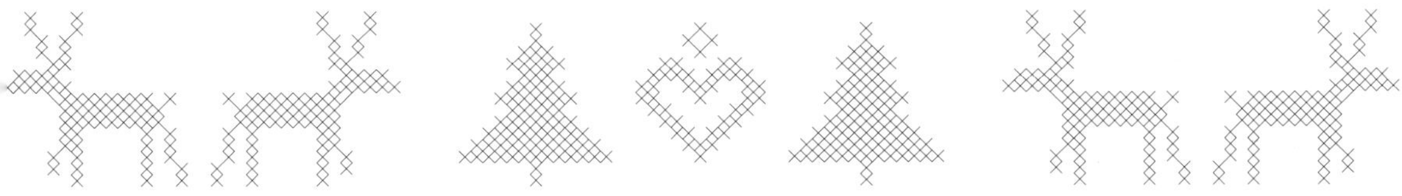

Kruissteekpatroon

Kerstdoosje

Benodigdheden

- **Kaartkarton: lichtroze, aqua/groen**
- **Scrappapier: Eline's Merry Little Christmas PB7034**
- **Creatables: LR0187, LR0188, LR0189**
- **Stempels: Eline's Winter Huis EC0132, EC0133**
- **Kant: MD Vintage Lace Off whit JU0825**
- **Plakparels: MD Red JU0819**
- **Stempelinkt: Archival Coffee**
- **Keperband 2 cm hoog, roosjes roze, parelsnoer, scrappersfloss wit**
- **Houten doosje Xenos artikel 345.086**

Werkwijze

Bestempel het deksel, de rand van het deksel en de randen van het doosje met verschillende stempels (EC0132 en EC0133). Bewerk de randen met wat bruine stempelinkt. Deksel: Snijd roze scrappapier met rendier van 8 x 10 cm, groen scrappapier van 6 x 9 cm en beige scrappapier met tekst van 5 x 9 cm. Plak dit volgens voorbeeld op het deksel. Snijd een label (LR0187) uit lichtroze kaartkarton en bestempel deze. Plak deze op het doosje, hang bovenaan een kantje en plak schuin een kantje over het labeltje. Versier het dekseltje verder nog met uitgestanste knoopjes (LR0188), tekstlabeltje (LR0187), bladeren en bloemen (LR0189). Bestempel de bloemen en rijg hieronder een smalle strook tule. Doosje: Snijd twee stroken aqua/groen kaartkarton van 4,5 x 24 cm. Bestempel één strook met sterren en tekst (EC0133) en plak deze op het doosje. Snijd groen scrappapier van 4 x 24 cm en plak dit op de andere strook. Plak hieroverheen een band bestempeld keperband. Plak het geheel op het doosje. Snijd nog twee kerststerren (LR0187) uit aqua/groen kaartkarton, bestempel deze en plak deze op een iets groter stuk roze scrappapier. Plak de sterren op de uiteinden van de stroken voor een nette afwerking.

The Christmas song

Meisje in de sneeuw

Benodigdheden

- Kaartkarton: Cardstock walnut, Papicolor brilliant kiezel (161)
- Knipvel: Happy Hobby Vintage HH04
- Scrappapier: Paperpad Songbook PK9075
- Creatables: LR0127, LR0142, LR0167
- Distress ink: Vintage Photo
- Kant, brad en spacers
- Bedeltje en hoekje
- Halve pareltjes
- Glitterlijm

Werkwijze

Snijd een dubbel walnut karton van 15 x 15 cm, 12,5 x 12,5 cm en 15 x 4,5 cm en een stukje voor achter het plaatje van 7 x 9,5 cm. Het scrappapier komt op 14,5 x 14,5 cm, 12 x 12 cm en 14,5 x 4 cm. Stans van kiezelkleurig karton de Creatables blaadjes (LR0127 en LR0142) en van walnut karton de muzieksleutels (LR0167) uit. Maak nu alle randen van het karton en scrappapier oud en beïnkt alle randen met Vintage Photo. Plak de vierkante delen op elkaar en bevestig daarover een kanten rand en lijn daarover de gesneden randen. Plak hierna over de rand nog een roosjeskant. Plak het plaatje nu op de kaart en bevestig de uitgestanste Creatables op volgens voorbeeld. Bevestig de kanten strik met een brad, spacer en bedel. Werk de kaart verder af door wat glitterlijm aan te brengen en wat halve pareltjes en een hoekje op de kaart te plakken.

Meisje met kersttakken

Benodigdheden

- Kaartkarton: Cardstock walnut, Papicolor brilliant champagne (163)
- Knipvel: Happy Hobby Vintage HH05
- Scrappapier: Paperpad Nostalgia PK9074, Songbook PK9075
- Creatables: LR0155, LR0156, LR0157, LR0167
- Distress ink: Vintage Photo
- Kant en fluweel lint
- Bloemen en roosjes
- Brad en spacers
- Pins en kraaltjes
- Bedeltje met kettinkje
- Halve pareltjes

Werkwijze

Snijd een dubbel walnut karton van 15 x 15 cm en een enkel karton van 12,5 x 12,5 cm en 6,5 x 9,5 cm. Het scrappapier komt op 14,5 x 14,5 cm en 12 x 12 cm. Stans uit brilliant-karton de benodigde Creatables. Beïnkt nu alle randen van het gesneden karton, scrappapier en de Creatables met Vintage Photo. Plak de uitgestanste randcreatable (LR0155) op het vierkante stuk scrappapier en knip deze langs de rand iets groter uit. Plak deze daarna op de dubbelgevouwen kaart en knip deze weer langs de rand iets groter uit. Bevestig nu een

stuk kant op de kaart. Rijg door de andere randcreatable een fluweellint en plak deze volgens voorbeeld op de kaart en lijm als laatste het plaatje op. Bevestig de strik van kant met een brad en bedeltje met kettinkje op de kaart. Plaats in de hoek een boeketje bloemen met takjesswirl (LR0157) en blaadjes (LR0156). Steek er pins met kraaltjes in. Werk de kaart verder af door de muzieksleutel (LR0167) en wat halve pareltjes op te plakken.

Fijne feestdagen op label in kaart

Benodigdheden

- **Kaartkarton: original anjerwit (03), brilliant champagne (163)**
- **Knipvel: Happy Hobby Vintage HH05**
- **Scrappapier: Paperpad Songbook PK9075**
- **Creatables: LR0154, LR0157, LR0167**
- **Distress ink: Vintage Photo**
- **Clear Stamp: tekst CS0832**
- **Kant, bloemen en roosjes**
- **Pins en kraaltjes, parelsterretjes**
- **Brads en spacers**
- **Takjespons MS**

Werkwijze

Snijd een dubbel anjerwit karton van 15 x 15 cm, 13,3 x 13,3 cm en 10,5 x 10,5 cm . Het scrappapier komt op 14,5 x 14,5 cm, 13 x 13 cm en 10 x 10 cm. Snijd van een stukje brilliant-karton de maat 6,5 x 9,5 cm (deze komt achter het plaatje). Stans uit brilliant-karton de benodigde Creatables: takjesswirl, muzieksleutel en label. Beïnkt alle randen van het gesneden karton, scrappapier en gestanste Creatables met Vintage Photo. Plak nu eerst drie gesneden delen in goede volgorde op het dubbelgevouwen karton. Plak het volgende deel op door wat stukjes tacky glue tape aan drie kanten te bevestigen zodat er aan de zijkant het label kan worden ingestoken. Plak het label op een ander stukje karton en knip deze iets groter uit. Stempel de tekst erop, beïnkt de randen en bevestig het strikje van kant met een brad en spacer op het label. Lijm nu alle andere delen nog volgens voorbeeld op de kaart. Plak de uitgestanste Creatables samen met de bloemen en takjes op. En werk de kaart verder af door wat parelsterretjes en halve pareltjes op te plakken.

Winters meisje

Benodigdheden

- **Kaartkarton: papicolor original anjerwit (03), brilliant champagne (163)**
- **Knipvel: Happy Hobby Vintage HH04**
- **Scrappapier: Paperpad Songbook PK9075, Nostalgia PK9074**
- **Distress ink: Vintage Photo**
- **Creatables: LR0116, LR0154, LR0157, LR0161**
- **Kant en fluweel lint**
- **Bloemen en roosjes**
- **Pins en kraaltjes**
- **Brads en spacers**

Werkwijze

Snijd een dubbel anjerwit karton van 15 x 15 cm en snijd van de voorkant het bovenste deel van 6 cm af. Voor de binnenkant nog een enkel stukje anjerwit karton van 13,5 x 13,5 cm en voor de voorkant nog een strook van 14,5 x 5,5 cm. Het scrappapier voor de voorkant komt op 14,5 x 8,5, 14,5 x 5 cm en 14,5 x 4,5 cm. Voor de binnenkant komt het scrappapier op 14,5 x 14,5 cm en 13 x 13 cm. Stans uit het brilliant-karton de benodigde Creatables uit. Beïnkt alle randen van het gesneden karton, scrappapier en gestanste Creatables met Vintage Photo. Plak nu de gestanste labels (LR0154) op een stukje anjerwit karton en knip deze beide iets groter uit en beïnkt de randen. Bevestig bij beide een stukje kant met spacers, bloem en brad. Lijm nu alle delen volgens voorbeeld en aangegeven bij de maten op elkaar. Plak nu met tacky glue tape aan de binnenkant van het dubbelgevouwen karton aan de onder en zijkant vast zodat je de labels erin kunt steken. Bevestig over de strook aan de voorkant een stukje kant met fluweellint en plaats daarover het plaatje. Plak nu een aantal bloemen met een takjesswirl (LR0157) en swirl (LR0116) op de kaart. Steek daar als laatste wat pins met kraaltjes in.

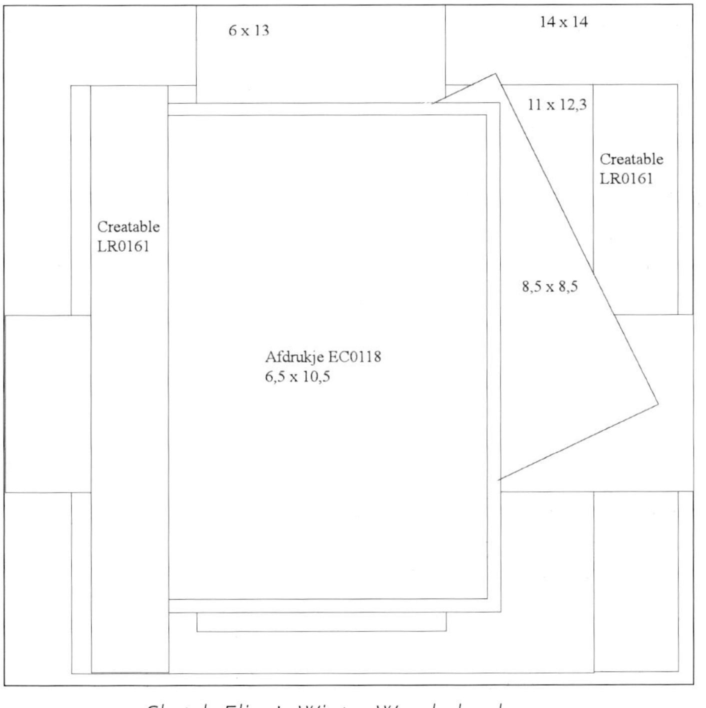

Sketch Eline's Winter Wonderland 2

Stampfairy Christmas

Kerstman in schoorsteen

Benodigdheden

- Kaartkarton: rood, mosgroen
- Scrappapier: Paperpad Basic Grey Jovial JOV-2813
- Stempel: Stampfairy Designs SF1105
- Creatables: LR0122, LR0126, LR0134, LR0154
- Aquarelpapier
- Parelpen: Waco rood
- Distress ink: Tattered Rose, Fired Brick, Aged Mahogany, Mustard Seed, Walnut Stain, Black Soot, Weathered Wood
- Letterstempels: Eline's Alphabet EC0122
- Sneeuw: Viva Snow Writer
- Kant crème, spacer goud, satijnlint rood, roosje, scrappersfloss rood

Werkwijze

Snijd rood kaartkarton van 13,5 x 13,5 cm en scrappapier met kersterren van 13 x 13 cm en plak dit op elkaar. Snijd groen scrappapier met bolletjes van 7 x 10 cm en plak dit op de kaart. Snijd een sterrencirkel (LR0126) uit. Leg de mal op mosgroen scrappapier met tekst, teken de omtrek na en knip deze uit. Plak het geheel op de kaart. Snijd een strook gestreept scrappapier van 5 x 13 cm. Plak deze onder op de kaart met dubbelzijdig tape (let op, alleen beide zijkanten en de onderkant voorzien van tape). Snijd een ijspegel rand (LR0135) uit mosgroen kaartkarton. Plak deze op de strook en plak daar overheen een crème kantje. Stempel op rood papier de tekst KERST (EC0122), knip dit uit en plak het op de kaart. Snijd een poinsettia uit (LR0122), twee takjes (LR0126) en plak dit links boven op de kaart. Versier de kaart verder met wat stickles, sneeuw en wat parels (parelpen). Snijd mosgroen kaartkarton van 14 x 28 cm. Ril de kaart op 14 cm en vouw deze dubbel. Plak de kaart verder in elkaar. Snijd een label (LR0134) uit aquarelpapier. Stempel hierop de kerstman en stempel deze nogmaals op een restant aquarelpapier. Kleur beide stempels in met Distress ink. Knip het losse stempeltje uit en plak deze met 3D-kit op de label. Versier de label verder met een strik, roosje etc. Steek het labeltje achter de flap op de kaart, zie sketch 1 (blz. 45).

Stampfairy met sneeuwpop

Benodigdheden

- Kaartkarton: rood, blauwgroen
- Scrappapier: Paperpad Basic Grey Jovial JOV-2813
- Stempel: Stampfairy Designs SF1102
- Creatables: LR0127, LR0124, LR0155, LR0176
- Aquarelpapier
- Distress ink: Tattered Rose, Fired Brick, Aged Mahogany, Bundled Sage, Pumice Stone, Vintage Photo, Spiced Marmalade
- Parelpen: Waco rood
- Spacer zilver, satijnlint groen, roosjes, eyelets, charms, scrappersfloss bruin

fijne feest dagen
KERST
Prettige Kerstdagen
Prettige Kerstdagen

Werkwijze

Snijd rood kaartkarton van 14,5 x 14,5 cm en scrappapier met sneeuwpoppen van 14 x 14 cm en plak dit op elkaar. Snijdt een strook groen scrappapier met ijssterren van 6 x 14 cm en plak dit links op de kaart. Snijd rood gestipt scrappapier van 7 x 8 cm, plak dit links onder op de kaart. Snijd rood gestreept scrappapier van 8 x 8 cm en plak dit rechts boven op de kaart. Maak met een eyelettool hier twee gaatjes in, bevestig twee eyelets en haal daar een stukje scrappersfloss doorheen. Bevestig hieraan een charm van een sneeuwpop. Snijd een rand uit blauwgroen kaartkarton met LR0155, rijg daar een lintje doorheen en plak dit in het midden van de kaart. Snijd uit blauwgroen kaartkarton een hulstrand met LR0127 plak dit in het midden van de kaart. Snijd uit wit aquarelpapier een stuk van 6 x 10 cm. Stempel hierop de Fairy en stempel deze nogmaals op een restant aquarelpapier. Kleur beide stempels in met Distress ink. Knip het losse stempeltje uit en plak deze met 3D-kit op de kaart. Snijd rood kaartkarton van 6,5 x 10,5 cm en plak het afdrukje hierop, en daarna op de kaart. Versier de kaart verder nog met wat roosjes, een ijsster (LR0124), een dennenboom (LR0176) en wat pareltjes (parelpen) en glitters. Snijd een dubbele blauwgroene kaart van 15 cm en plak het geheel in elkaar, zie sketch 2 (blz. 46).

Rudolph in kerstslingers

Benodigdheden

- Kaartkarton: crème, mosgroen
- Scrappapier: Paperpad Basic Grey Jovial JOV-2813
- Stempel: Stampfairy Designs SF1106
- Tekststempel: EC0099
- Creatables: LR0116, LR0122, LR0134
- Aquarelpapier
- Distress ink: Scattered Straw, Vintage Photo, Old Paper, Walnut Stain, Fired Brick
- Plakparels: MD Red JU0819
- Spacer goud, satijnlint wit met ster, roosjes, scrappersfloss rood

Werkwijze

Snijd crème kaartkarton van 13,5 x 13,5 cm en scrappapier met rendier van 13 x 13 cm en plak deze op elkaar. Snijd rood scrappapier met sterren/stippen van 5 x 11 cm, crème scrappapier met ruitje van 6 x 11 cm, groen scrappapier met stippen van 8 x 8 cm en blauw/groen scrappapier met ijsster van 7 x 5 cm. Plak dit alles volgens voorbeeld op de kaart. Snijd uit bordeaux scrappapier een sterrenrand (LR0134), rijg daar een satijnlintje doorheen en plak deze op de kaart. Snijd uit aquarelpapier een frame (LR0116), stempel de afbeelding hierop en kleur deze in met Distress ink. Leg de mal daarna op mosgroen kaartkarton, teken de omtrek na en knip deze uit. Plak de witte frame hierop en daarna op de kaart. Let op dat je alleen tape doet aan de bovenkant, rechterkant en onderkant. Versier de kaart verder nog met een poinsettia (LR0122), swirls (LR0116), plakparels en een leuke label (EC0099). Snijd mosgroen kaartkarton van 14 x 28 cm, ril deze op 14 cm en vouw de kaart dubbel. Plak de kaart in elkaar, zie sketch 4 (blz. 46).

Stampfairy met kaars

Benodigdheden

- Kaartkarton: crème, mosgroen
- Scrappapier: Paperpad Basic Grey Jovial JOV-2813
- Stempel: Stampfairy Designs SF1101
- Creatables: LR0134, LR0142, LR0157, LR0182
- Aquarelpapier
- Distress ink: Tattered Rose, Fired Brick, Aged Mahogany, Mustard Seed, Crushed Olive, Forest Moss, Vintage Photo
- Achtergrondstempel: CS0845
- Tekststempel: CS0832
- Spacer goud, satijnlint groen met ster, roosjes, scrappersfloss bruin

Werkwijze

Snijd crème kaartkarton van 13,5 x 13,5 cm. Snijd rood scrappapier met tekst van 11 x 13 cm en plak dit links op de kaart. Snijd rood scrappapier met stippen/sterren van 8 x 8 cm en crème scrappapier met kerststerren van 10 x 10 cm en plak dit op de kaart. Snijd een strook met schuine blokjes van 5 x 13,5 cm en plak dit over het midden van de kaart. Snijd een sterrenrand (LR0134) uit mosgroen kaartkarton, rijg hier een lintje doorheen en plak dit op de kaart. Snijd uit wit aquarelpapier een stuk van 6 x 10 cm. Stempel hierop de fairy en stempel deze nogmaals op een restant aquarelpapier. Kleur beide stempels in met Distress ink. Knip het losse stempeltje uit en plak deze met 3D-kit op de kaart. Stempel een leuke rand langs het afdrukje (CS0845) Snijd mosgroen kaartkarton van 6,5 x 10,5 cm en plak het afdrukje hierop en daarna op de kaart. Snijd wat Poinsettia's uit (LR0142), wat takjes (LR0157) en plak dit op de kaart. Snijd uit scrappapier en mosgroen kaartkarton een kerstbalhanger (LR0182). Plak hierop een strikje en een roosje, en hang deze met wat scrappersfloss aan de kaart. Snijd uit crème kaartkarton een cirkel van 4,5 cm en stempel hier een tekst op. Bevestig deze met nietjes op de kaart. Snijd mosgroen kaartkarton van 14 x 28 cm, ril deze op 14 cm en vouw de kaart dubbel. Plak de kaart in elkaar en werk deze af met glitters (stickles). Zie sketch 3.

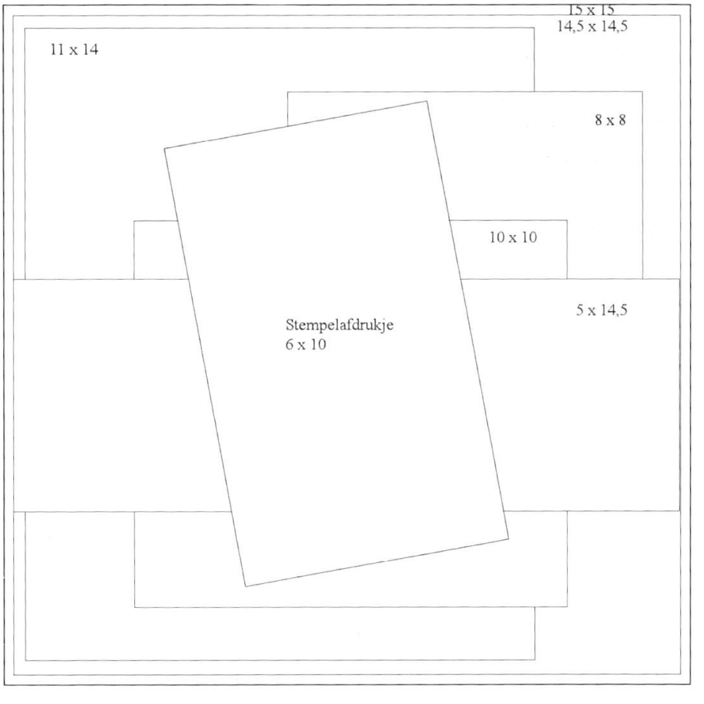

Sketch
Stampfairy Christmas 3

Wintertafereeltjes

Roze kaart met huisje

Benodigdheden

- Kaartkarton: Papicolor original hagelwit (30), brilliant kiezel (161)
- Knipvel: Tiny Harts IT558
- Scrappapier: Paperpad Old Fashioned Nursery PB7031
- Creatables: LR0156, LR0157, LR0174, LR0175
- Distress ink: Vintage Photo
- Organza lint en kant
- Bloemen en roosjes
- Brads en spacers
- Bedeltje en kettinkje
- Pins en kraaltjes
- Parelsterretjes
- Glitterlijm en glitterpapier

Werkwijze

Snijd een dubbel hagelwit karton van 15 x 15 cm, een enkel karton van 9 x 12,5 en 15 x 6 cm. Achter het plaatje komt een stukje van 6 x 8 cm. Het scrappapier komt op 14,5 x 14,5 cm, 8,5 x 12 cm en 14,5 x 5,5 cm. Stans de benodigde Creatables uit op een stukje brilliantkarton. Beïnkt alle randen van het gesneden karton, scrappapier en uitgestanste Creatables: takjesswirl, blaadjes, kerstbomen. Lijm tot de strook alle delen volgens voorbeeld op het dubbelgevouwen karton. Lijm over de strook een stukje kant en plak hierover het plaatje. Bevestig het organza lint met een brad, spacer, kettinkje en bedeltje op de kaart.

Plak de kerstbomen (LR0174, LR0175) op een stukje glitterpapier en knip ze uit. Lijm deze schuin voor elkaar volgens voorbeeld op de kaart. Bevestig een paar bloemen, spacers en roosjes aan de andere kant van het plaatje. Steek er wat pins met kraaltjes tussen. Werk de kaart verder af door wat parelsterretjes op te plakken.

Wit met lichtblauw

Benodigdheden

- Kaartkarton: Papicolor original hagelwit (30), brilliant kiezel (161)
- Knipvel: Tiny Harts IT559
- Scrappapier: Paperpad Old Fashioned Nursery PB7030
- Creatables: LR0156, LR0169, LR0172, LR0173
- Distress ink: Vintage Photo
- Organza lint en kant
- Bloemen en roosjes
- Brads en spacers
- Pins en kraaltjes
- Halve pareltjes en parelsterretjes
- Glitterlijm

Werkwijze

Snijd een dubbel hagelwit karton van 15 x 15 cm, een enkel karton van 8 x 13,5 cm, 15 x 6 cm en een stukje voor achter het plaatje van 8,5 x 5 cm. Het scrappapier komt op 14,5 x 14,5 cm, 7,5 x 13 cm en 14,5 x 5,5 cm. Stans de benodigde Creatables uit brilliant-karton. Beïnkt alle randen van het gesneden karton, scrappapier en uitgestanste Creatables met Vintage Photo. Plak de doily (LR0169) op een stukje hagelwit karton en knip deze langs de rand uit. Lijm nu alle gesneden delen en gestanste Creatables (doily, dorpjes, blaadjes) volgens voorbeeld op de kaart en bevestig het kant op de strook. Plak het plaatje op en smeer deze een beetje in met glitterlijm. Bevestig het organza lint met een brad. Plak de bloemen met blaadjes met 3D-kit op. Steek er wat pins met kraaltjes in. Werk de kaart verder af door wat parelsterretjes en halve pareltjes op te plakken.

Doorkijkkaart

Benodigdheden

- **Kaartkarton: Papicolor original hagelwit (30), brilliant kiezel (161)**
- **Knipvel: Tiny Harts IT558**
- **Scrappapier: Paperpad Old Fashioned Nursery PB7031**
- **Distress ink: Vintage Photo**
- **Creatables: LR0156, LR0157, LR0172, LR0174, LR0175**
- **Nestability Rectangle**
- **Kant, bloemen en roosjes**
- **Brad en pins**

Werkwijze

Snijd een dubbel hagelwit karton van 15 x 15 cm, een enkel van 13 x 13 en een strookje om aan de binnenkant onderaan te plakken van 15 x 6 cm. Dit strookje wordt gerild op 1,5 cm, 3 cm en 4,5 cm. Het scrappapier wordt tweemaal 14,5 x 14,5 cm en éénmaal 12,5 x 12,5 cm. Stans de benodigde Creatables – blaadjes, takjesswirl, dorpje en kerstbomen – en Nestablility (deze komt achter het plaatje aan de voorkant) uit een stukje brilliant-karton. Beïnkt nu eerst alle randen van het gesneden karton, scrappapier en uitgestanste Creatables met Vintage Photo. Plak aan de binnenkant van de kaart een vierkant van het gesneden scrappapier (let wel op dat de vouwlijn nu aan de bovenkant komt). Lijm aan de voorkant alle andere gesneden delen van het karton en scrappapier. Plak met tacky glue tape aan de achterkant voor de voorkaart het kant vast. Plak nu het tweede plaatje aan de voorkant en knip door het karton een gat zodat je een doorkijkje krijgt. Plaats het eerste plaatje op de achterkaart precies onder het voorste plaatje. Zet nu aan de onderkant het gerilde strookje met stukjes tacky glue tape vast aan de voor en achterkaart. Plak de kerstbomen op een stukje glitterpapier en knip ze beide langs de randen uit. Bevestig de strik van kant met een brad op de kaart. Werk de kaart verder af door de gestanste Creatables met bloemen en pins op de kaart te plakken.

For you

Benodigdheden

- Kaartkarton: Papicolor original hagelwit (30), brilliant kiezel (161)
- Knipvel: Tiny Harts IT559
- Scrappapier: Paperpad Old Fashioned Nursery PB7030
- Creatables: LR0173, LR0175
- Distress ink: Vintage Photo
- Organza lint en kant
- Brad en spacers
- Bloemen en roosjes
- Pins en kraaltjes
- Bedeltje en kettinkje
- Parelsterretjes

Werkwijze

Snijd een dubbel hagelwit karton van 15 x 15 cm, een enkel karton van 10,5 x 6 cm en 15 x 7 cm. Achter het plaatje komt een stukje karton van 10 x 6 cm. Het scrappapier komt op 14,5 x 14,5 cm, 10 x 5,5 cm en 14,8 x 6,5 cm. Stans de benodigde Creatables uit een stukje brilliantkarton. Beïnkt alle randen van het gesneden karton, scrappapier en uitgestanste Creatables met Vintage Photo. Lijm nu alle delen met een rand kant volgens voorbeeld op het dubbelgevouwen karton. Bevestig de strik van kant met een brad, kettinkje en bedeltje op de kaart. Plak de gestanste kerstboom (LR0175) en dorpje (LR0173) op een stukje scrappapier en knip deze langs de randen uit. Lijm deze nu samen met de bloemen, takjes en besjes op de kaart. Steek nog wat pins met kraaltjes tussen de bloemen. Werk de kaart verder af door wat parelsterretjes op te plakken.

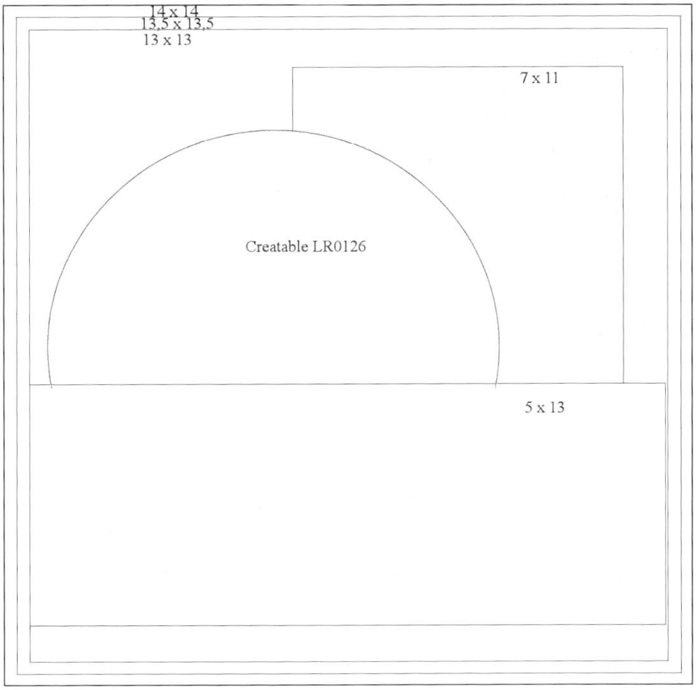

Sketch
Stampfairy Christmas 1

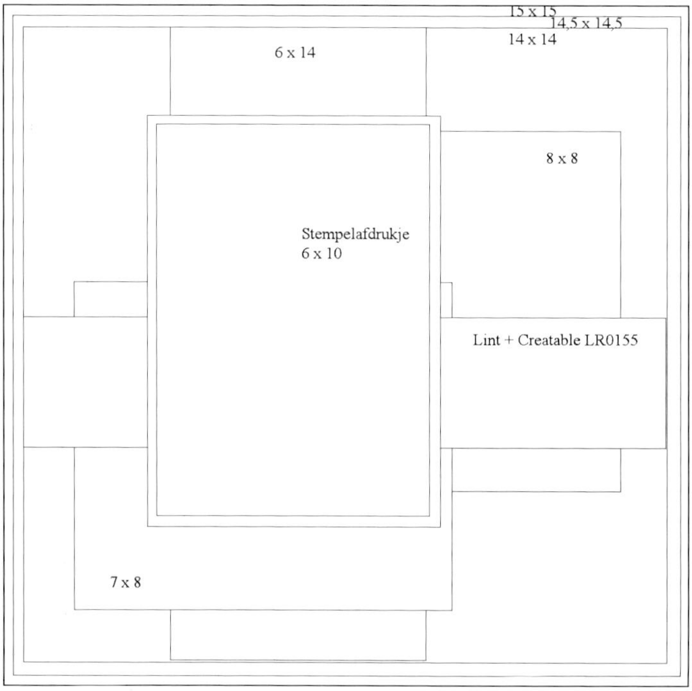

Sketch
Stampfairy Christmas 2

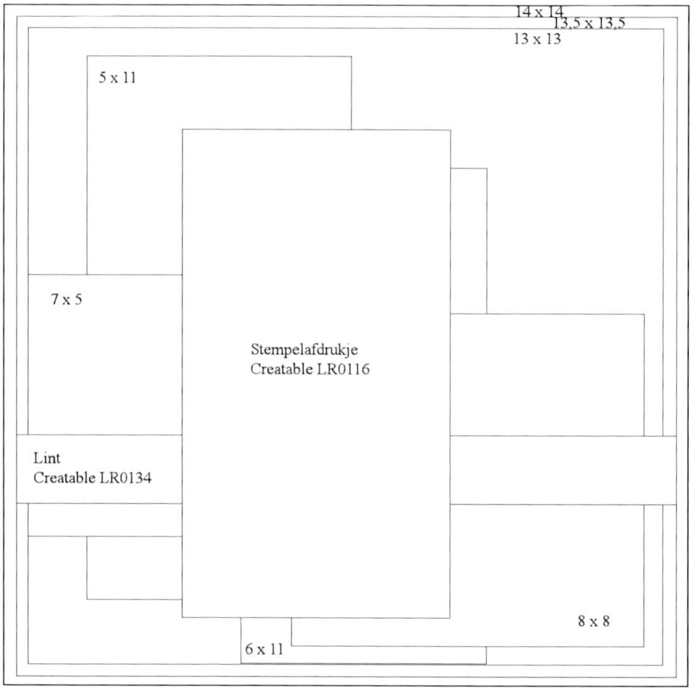

Sketch
Stampfairy Christmas 4

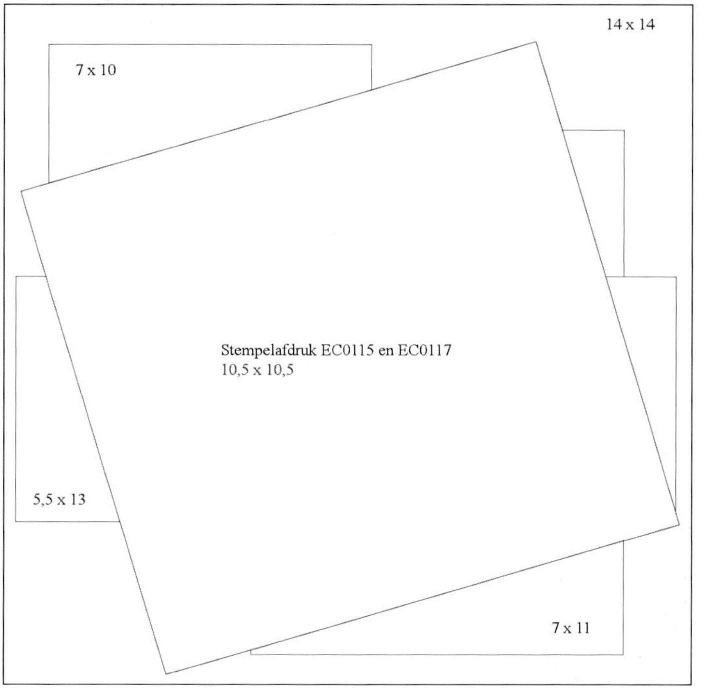

Sketch
Eline's Winter Wonderland 3

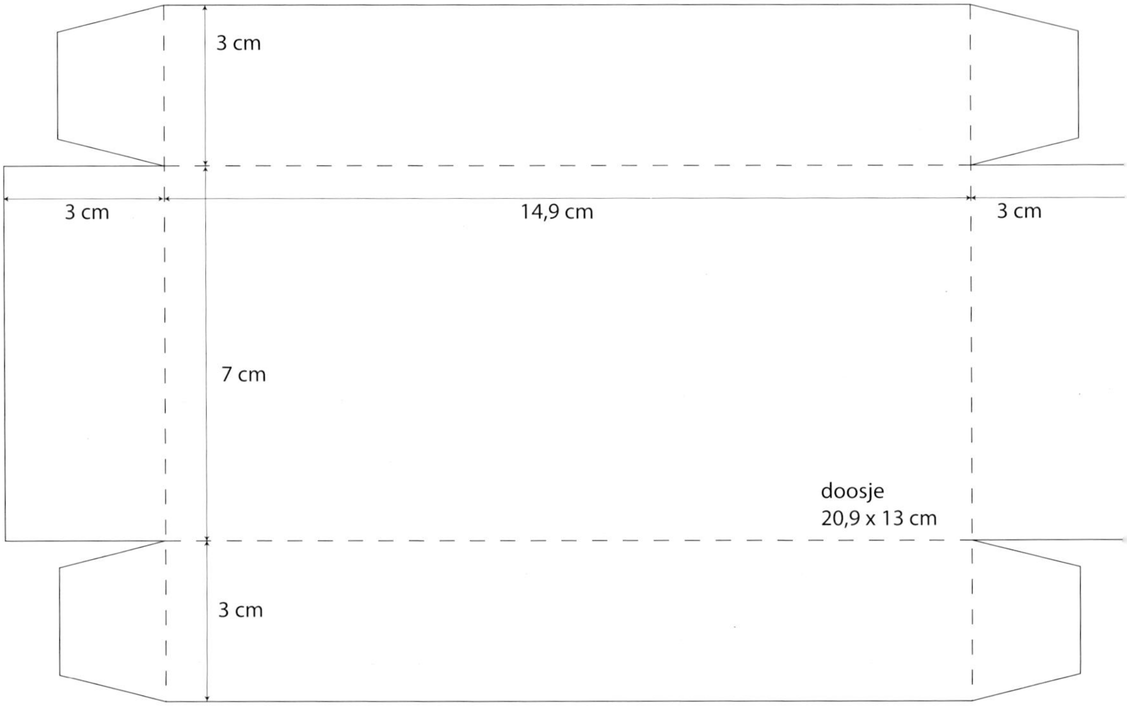
3 cm
3 cm
14,9 cm
3 cm
7 cm
doosje
20,9 x 13 cm
3 cm

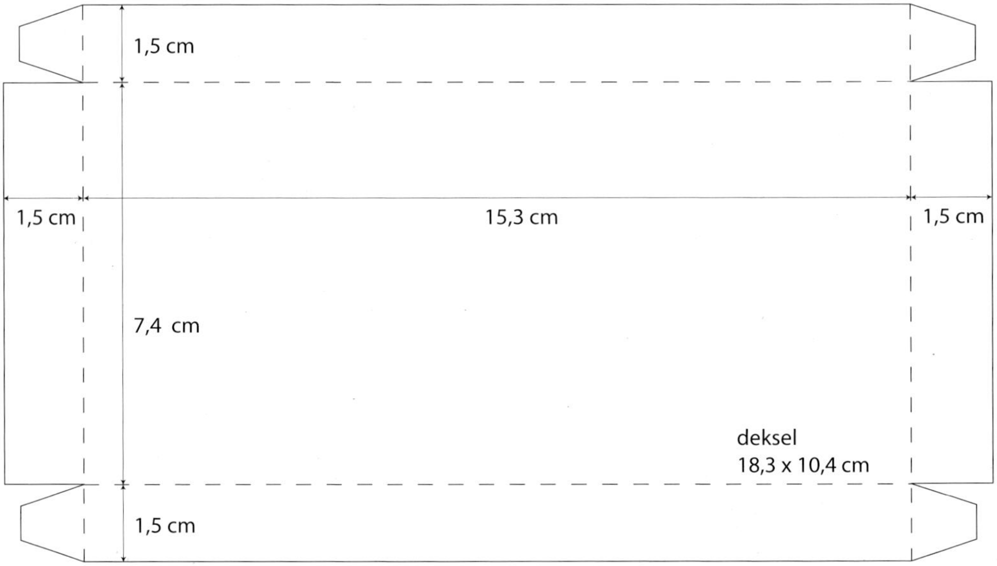
1,5 cm
1,5 cm
15,3 cm
1,5 cm
7,4 cm
deksel
18,3 x 10,4 cm
1,5 cm